上海市工程建设规范

郊 野 公 园 设 计 标 准

Standard for the design of country park

DG/TJ 08—2335—2020

J 15386—2020

主编单位：上海市园林设计研究总院有限公司
批准部门：上海市住房和城乡建设管理委员会
施行日期：2021 年 4 月 1 日

同济大学出版社

2020 上海

图书在版编目(CIP)数据

郊野公园设计标准/上海市园林设计研究总院有限公司主编. —上海：同济大学出版社，2020.12

ISBN 978-7-5608-9662-5

Ⅰ. ①郊… Ⅱ. ①上… Ⅲ. ①公园-园林设计-设计标准-上海 Ⅳ. ①TU986.625.1-65

中国版本图书馆 CIP 数据核字(2021)第 000488 号

郊野公园设计标准

上海市园林设计研究总院有限公司 **主编**

策划编辑 张平官
责任编辑 朱 勇
责任校对 徐春莲
封面设计 陈益平

出版发行 同济大学出版社 www.tongjipress.com.cn
(地址:上海市四平路 1239 号 邮编: 200092 电话:021－65985622)
经 销 全国各地新华书店
印 刷 浦江求真印务有限公司
开 本 889mm×1194mm 1/32
印 张 2.125
字 数 57 000
版 次 2020 年 12 月第 1 版 2020 年 12 月第 1 次印刷
书 号 ISBN 978-7-5608-9662-5
定 价 20.00 元

上海市住房和城乡建设管理委员会文件

沪建标定〔2020〕556 号

上海市住房和城乡建设管理委员会
关于批准《郊野公园设计标准》为上海市
工程建设规范的通知

各有关单位：

由上海市园林设计研究总院有限公司主编的《郊野公园设计标准》，经我委审核，现批准为上海市工程建设规范，统一编号为 DG/TJ 08—2335—2020，自 2021 年 4 月 1 日起实施。

本规范由上海市住房和城乡建设管理委员会负责管理，上海市园林设计研究总院有限公司负责解释。

特此通知。

上海市住房和城乡建设管理委员会

二〇二〇年十月十四日

前　言

本标准根据上海市住房和城乡建设管理委员会《关于印发〈2017年度上海市工程建设规范和标准设计编制计划〉的通知》（沪建交〔2016〕1076号）的要求，由上海市园林设计研究总院有限公司会同相关单位在广泛调研，认真总结实践经验和科研成果，参考有关国内外先进标准的基础上编制而成。

本标准主要内容有：总则、术语、基本规定、工作阶段与内容、设计要求等。

各单位及相关人员在执行本标准过程中，如有意见和建议，请反馈至上海市绿化和市容管理局（地址：上海市胶州路768号；邮编：200040；E-mail：kjxxc@lhsr.sh.gov.cn），上海市园林设计研究总院有限公司（地址：上海市新乐路45号；邮编：200031；E-mail：ylsjy@shlandscape.com），或上海市建筑建材业市场管理总站（地址：上海市小木桥路683号；邮编：200032；E-mail：bzglk@zjw.sh.gov.cn），以供今后修订时参考。

主 编 单 位：上海市园林设计研究总院有限公司

参 编 单 位：同济大学

主要起草人：朱祥明　李铁伦　张荣平　秦启宪　张　燕　茹雯美　徐　建　陆　健　李　娟　隋　萍　金云峰

主要审查人：王　瑛　应博华　虞金龙　冯一民　俞文泓　程清文　董楠楠

上海市建筑建材业市场管理总站

目　次

Contents

1 总　则

1.0.1 为推动本市生态文明建设，保障城郊生态空间稳定，促进农业生产，增加农民收益，提供市民郊野休闲场所的功能，规范本市郊野公园设计，确保设计质量，制定本标准。

1.0.2 本标准适用于本市新建、扩建、改建郊野公园的工程设计。

1.0.3 郊野公园的设计除应符合本标准外，尚应符合国家、行业和本市现行有关标准的规定。

2 术 语

2.0.1 郊野公园 country park

是指位于城市郊区，规模较大，以野趣景观为主，可开展休闲、游憩、科普教育等活动，具备简要设施的公园。

2.0.2 郊野单元 country unit

是指在城市集中建设区外的郊野地区实施规划和土地管理的基本地域单位，是郊野地区统筹各专项规划的基本网格，原则上以镇域为 1 个基本单元。对于镇域范围较大，整治内容、类型较为复杂的，可适当划分 2 个～3 个单元。

2.0.3 郊野单元(村庄)规划 country unit (village) planning

是指统筹农村地区土地利用、空间布局的综合性实施规划。郊野公园所在的郊野单元是以生态游憩为主体功能，同时要求落实单元内耕地保护任务和低效建设用地减量化任务的特定单元。

2.0.4 服务设施 service facilities

是指为满足游人各类基本使用功能和游憩活动需求而设置的，供游人使用的设施。包括建筑类服务设施，如游人中心、餐厅、茶室、厕所等，以及非建筑类服务设施，如垃圾分类收集容器、座椅、标识牌等。

2.0.5 管理设施 management facilities

是指为满足郊野公园运营管理需要而设置的，由公园管理人员和职工使用和操作的设施。包括建筑类管理设施，如管理办公室、职工生活设施、后勤用房、道班房、林地防火设施、病虫害预警中心、警务站、垃圾压缩站等以及非建筑类管理设施，如监控、监测设施等。

2.0.6 市政设施 municipal facilities

是指为满足郊野公园正常运行需要而设置的给排水、电气等设施。包括管网、设备等非建筑类设施，以及设备房等建筑类设施。

2.0.7 专项工程 special projects

郊野公园的专项工程包括土地整治、河道整治、林地建设、村庄整治、市政道路桥梁、湿地生态修复治理、土壤修复等工程。

3 基本规定

3.1 一般规定

3.1.1 应以提升和改善城郊、乡村地区的生态环境，增加市民游憩空间，同时更好地保护和传承本土历史文化，协调当地居民生产生活为目标。

3.1.2 应依据上位郊野单元(村庄)规划，遵循本市国土空间等规划，符合相关水务、农业、生态等专项规划以及土地、农业、水务、林业、美丽乡村等法律政策、规范和标准要求，并衔接相关专项设计。

3.1.3 应协调保护与利用的关系，尊重现状资源，传承历史文化，避免大拆大建。应对郊野公园内的生态环境、林业资源、农业资源、特色风貌与历史文化资源进行保护，对受到破坏的环境与资源应予以恢复和修复。

3.1.4 应符合郊野公园定位，体现自然野趣的郊野风貌特点；游憩活动内容应符合郊野生态主题，面向市民。

3.1.5 应遵循低维护可持续的设计原则，并能满足公园长期运营管理的需要。

3.1.6 应充分发挥郊野公园自身独特的环境与资源优势，因地制宜地进行设计，打造公园特色。

3.2 城市协调

3.2.1 应加强公园内生态系统与周边生态系统的连续性和完整

性，公园的生态功能应符合上位规划要求。

3.2.2 应协调好内部交通与市政交通之间的关系，并应符合下列规定：

1 根据游人人流主要方向，宜分散设置出入口与停车场，降低公园大客流对于周边市政交通的影响。

2 当利用穿越郊野公园的市政交通，组织公园各区域之间的游览路线时，不得影响市政交通。

3 当主园路与市政道路交叉时，宜采用立体交通的方式。当市级绿道穿越郊野公园时，应做好衔接。

3.2.3 应协调公园与城市空间的关系，塑造具有郊野公园风貌特征的城市景观界面。

3.2.4 紧邻城区的郊野公园，其外围游憩区应兼顾当地居民日常游憩需求，宜布置相应游憩活动内容与设施。

3.3 乡村协调

3.3.1 应在符合上位规划的前提下，对农民的生产、生活进行适当的调整和引导。

3.3.2 郊野公园建设不得对正常的农业生产造成负面的影响，应挖掘独具特色的农业观光及相关的延伸产业与游憩活动。

3.3.3 应在保护传统村庄风貌与人文环境的基础上，创造特色农田景观；同时加强村庄的生态环境建设和基础设施建设，提升乡村人居环境。

3.3.4 不应建设与当地生产、生活以及郊野公园游憩无关的建筑与设施。

3.4 生态保育

3.4.1 应遵循生态学原理，依据上位规划要求和生境条件确定郊野公园不同区域的生态功能。

3.4.2 应构建完善的基质、斑块、廊道结构，并确保斑块具有一定的规模以保证内部生物多样性与群落稳定性，确保廊道的宽度及连通度以实现斑块之间的联系，保证生物通道的畅通。

3.4.3 应对郊野公园内的农田、林地、湿地等各类遭到破坏的生境，运用适宜的生态恢复措施进行保护和修复，提升生态功能。

3.4.4 应分析动物栖息地资源现状，尊重和保护野生动物重要栖息地，保护野生动物资源，提高目标物种生境质量。

3.4.5 应根据环境的生态承载力控制游人量及游憩活动类型与强度，游人活动区域宜轮流开放；应合理安排居民的生产与生活，避免对生态环境造成不可逆的破坏。

3.5 人文资源保护与利用

3.5.1 应加强对地域文化属性和乡风、民俗等文化属性的挖掘，形成具有特征性和针对性的设计，创造公园人文特色，可持续地利用和展示人文资源。

3.5.2 应明确保护对象并评估资源的人文价值，确保基地内的人文资源及其物质文化环境不受破坏。

3.5.3 宜采取就地保护的方式保护人文资源的完整性和原真性。

3.5.4 历史文化资源的修复应按原貌进行修复，力求还原其原真状态。

3.5.5 应在保护的基础上利用人文资源，不应与当地文化有所冲突或造成破坏。

3.6 各类控制性指标

3.6.1 郊野公园的设计应符合表 3.6.1 中的各类控制性指标要求。

表 3.6.1 各类控制性指标

<table>
<tr><th>类型</th><th colspan="2">指标名称</th><th>指标和要求</th></tr>
<tr><td rowspan="11">生态</td><td colspan="2">林地保有量</td><td>比现状面积有效增加</td></tr>
<tr><td rowspan="4">现有生态资源保有率</td><td>管控林地</td><td>100%</td></tr>
<tr><td>非管控公益林地</td><td>原则上不得调整，确需调整应先补后占</td></tr>
<tr><td>古树名木及后续保护资源</td><td>就地保护</td></tr>
<tr><td>自然湿地（含河网）</td><td>100%</td></tr>
<tr><td rowspan="2">河道</td><td>生态河道比例</td><td>逐步提升</td></tr>
<tr><td>河网面积</td><td>≥11%</td></tr>
<tr><td rowspan="3">农业</td><td>农田林网控制率</td><td>≥95%</td></tr>
<tr><td>耕地面积</td><td>不减少</td></tr>
<tr><td>农田设施管护率</td><td>100%</td></tr>
<tr><td colspan="2">完整的绿道系统</td><td>100%</td></tr>
<tr><td rowspan="3">环境</td><td colspan="2">集中设施截污纳管率</td><td>100%</td></tr>
<tr><td colspan="2">分散设施污水处理率</td><td>100%</td></tr>
<tr><td colspan="2">生活垃圾无害化处置率</td><td>100%</td></tr>
<tr><td rowspan="2">景观人文</td><td colspan="2">人文资源的保存率</td><td>100%</td></tr>
<tr><td colspan="2">自然村落保护</td><td>根据规划进行保护与调整</td></tr>
<tr><td>建（构）筑物占地</td><td colspan="2">占地规模</td><td>用地规模不超过开园面积的 0.5%，并且不应低于0.3%</td></tr>
</table>

3.6.2 郊野公园硬质场地，包括停车场、铺装广场、建（构）筑物用地等，宜优先利用存量建设用地。

4　工作阶段与内容

4.1　工作阶段

4.1.1　郊野公园设计应包括调查、设计两个阶段，并能作为后续各类专项工程设计的依据。

4.1.2　调查阶段应包括基础资料的收集和现状调查工作，通过分析基地可利用的资源和存在的问题，形成基础资料汇编，指导后续设计工作。

4.1.3　设计阶段，应以调查阶段工作为基础，并以郊野单元（村庄）规划为依据，对公园全部要素作出综合性设计。

4.2　调查阶段工作内容

4.2.1　调查阶段工作应涵盖土地、林业、农业、水务、村镇建设、基础设施、生态、历史、人文、社会、经济等方面，包括现状、规划、访谈等资料。

4.2.2　上位规划资料及相关标准法规收集应包括但不限于下列内容：

　　1　本市国土空间规划。

　　2　郊野单元（村庄）规划。

　　3　集建区控制性详细规划。

　　4　各类专项规划。

　　5　相关行业主管部门的技术审批要求。

4.2.3　现状资料调查应包括但不限于下列内容：

1 现状地形测绘资料。

2 现状用地资料。

3 现状农田规模、分布、权属资料。

4 现状水系规模、分布资料。

5 现状道路资料。

6 现状林地规模、分布、类型、权属、质量资料。

7 现状村落规模、分布、风貌资料以及现状建筑质量评估。

8 现状游憩资源调查与评价。

9 现状农业人口及生产情况。

10 现状其他产业类型及规模情况。

11 相关利益方调研资料。

4.3 设计阶段工作内容

4.3.1 总体设计工作内容应包括下列内容：

1 总体定位与特色策划。

2 总体布局。

3 三生协调与功能布局。

4 生态保育分区。

5 人文资源保护分区。

6 景观风貌规划。

7 游憩布局。

8 交通组织。

9 服务设施与管理设施布局。

10 经济技术指标。

11 分期建设。

4.3.2 地形竖向设计工作内容应包括下列内容：

1 总体竖向布置。

2 污染土处理。

3　土石方填挖分布。

4　土石方平衡表。

4.3.3　河道水系设计工作内容应包括下列内容：

1　水系布局与水面率控制。

2　水位控制与水利设施布置。

3　湿地分布及设计。

4　驳岸、码头及景观桥梁设计。

4.3.4　植物种植设计工作内容应包括下列内容：

1　植物总体布局。

2　种植土改良。

3　林地设计。

4　村庄绿化设计。

5　农田林网设计。

4.3.5　道路与交通设施设计工作内容应包括下列内容：

1　内外交通组织。

2　道路与停车场布置。

3　道路新建、改造、保留分布。

4　道路设计。

5　停车场设计。

4.3.6　场地与构筑物设计工作内容应包括下列内容：

1　场地与构筑物布置。

2　场地与构筑物单体设计。

4.3.7　建筑设计工作内容应包括下列内容：

1　建筑功能与规模。

2　总体布局。

3　新建建筑设计。

4　保留建筑评估与改造设计。

4.3.8　标识设计工作内容应包括标识系统布置和标识系统设计。

4.3.9 给排水设计工作内容应包括供水设计和排水设计。

4.3.10 电气设计工作内容应包括强电设计和智能化设计。

4.3.11 工程经济工作内容应包括造价测算和控制。

5 设计要求

5.1 总体布局

5.1.1 应根据主要功能将郊野公园划分为生态、游憩与生产生活三类功能区，合理布置各类功能区及其主要功能节点，并应符合下列规定：

1 生态功能区应为郊野公园的主要区域，起到保护生态环境、恢复生态功能的作用；其布置应基于现状生态资源，体现基地自然环境特点，同时符合区域生态空间结构布局要求；该区主要功能包括林地抚育、湿地修复、动物栖息地保育等。

2 游憩功能区是以游憩活动为主要功能的区域，应主题明确，动静分开，宜与生产、生活的主要区域相对分离，避免游憩活动对当地居民正常的生活、生产造成干扰。

3 生产生活功能区是以农业生产和当地居民居住、生活为主要功能的区域，应依托现状进行梳理，确保当地居民开展正常的生产生活；该区主要功能包括农业生产、居住生活等。

5.1.2 应根据生态保护力度的不同将生态功能区划分为保育区和缓冲区，并应符合下列规定：

1 保育区：以保育修复生态环境为主要功能的区域，不应进行建设活动。

2 缓冲区：保育区的外围区域，起到隔离外部干扰，保护内部生态环境的作用，可安排适宜的游憩活动，配置必要的步行游览设施；该区域应根据环境的生态承载力控制使用强度，避免对生态环境造成不可逆的破坏。

5.1.3 应根据人文资源保护力度的不同划定保护范围与协调范围，合理确定保护强度与措施，并应符合下列规定：

1 保护范围：该区域内应严格保护历史文化资源本身及其赖以存在的物质环境。

2 协调范围：位于保护范围外围，是外部环境与保护范围之间的过渡区和缓冲区，起到协调风貌的作用。

5.1.4 景观风貌规划应符合下列规定：

1 应立足现状资源和基地特色，以自然野趣为基调，以田园风光为特色，强化基地原有景观风貌，提升现状景观资源价值，不得进行大规模的改造；对基地内原始风貌受到破坏的区域应进行修复，提升景观品质。

2 可根据不同区域自然资源的特点组织景观风貌分区，明确各分区的景观特色；宜针对郊野公园所特有的农田、林地、水系、村落等既有要素进行典型景观设计提升。

3 应结合土地整治、林地建设、农业产业升级、村镇改造等专项工程进行风貌保护与提升，满足低维护、可持续的要求。

4 可结合公园主题定位，在园区边界及主要出入口等重要区域展现公园自身景观风貌。

5.1.5 游憩功能策划与布局应符合下列规定：

1 应依据郊野公园定位与特色策划游憩活动，活动应符合郊野环境特征、凸显自然与人文资源特点。

2 郊野公园的基本游憩功能应包括：游览赏景、生态科普、运动休闲、露营野餐、农事体验、文化活动等内容；各郊野公园应利用自身优势，打造各自特色，进行错位发展。

3 应结合生产、生活和生态功能，合理布置不同主题的游憩功能区域，因地制宜地设置游憩功能节点，宜动静分区，避免干扰。

5.1.6 交通组织设计应符合下列规定：

1 应充分利用现状道路，统筹生产、生活和游览需求，合理组织各类交通，集约布局道路与其他交通设施。

2 使用强度较高的生产、生活、后勤交通不宜与主要游线共用道路。

3 当公园地块被市政道路分割或公园分期实施时，地块内应能形成相对完整的道路系统，主要功能区的主园路应能在地块内环通。

4 公园应提供漫步道、跑步道、自行车道及水上游线；自行车、电瓶车宜设置专用道路，与人行道路分开，以避免干扰；不同游径之间的转换应合理便捷。

5 各游览区域之间可利用市政道路和慢行交通进行衔接，但社会车辆不得进入游览区域。

6 应通过合理的交通组织与管理，提升交通设施应对游览与生产的交通需求变化的能力。

5.1.7 服务设施与管理设施的配置与布局应符合下列规定：

1 应以满足郊野游憩的基本功能需要为导向，不应建设与用地性质不符，与郊野公园管理服务无关的设施和建筑。

2 应充分发挥郊野公园周边及内部集建区内设施的服务接待功能。

3 设施规模以满足周末高峰游人量的使用需求为宜，用地规模不超过开园面积的0.5%(需占用类集建区指标)。

4 宜采用低碳生态的设计理念和技术，风格应简朴、实用，与郊野公园及当地乡土环境协调、融合。

5 宜选址于未利用地和低效闲置的土地，不得占用耕地。大型设施应根据郊野公园内生产、生活和观光需求，按照节约用地的原则集中布置；小型设施应在兼顾使用需求和生态环境保护的前提下，在主要游憩区域内根据合理的服务半径进行分散布局。

5.1.8 郊野公园服务设施应满足基本功能需求，包括游人中心、公共厕所、休闲坐凳、垃圾分类收集容器等，并应符合下列规定：

1 游人中心设计应符合下列规定：

1）郊野公园应于交通便利的位置设置游人中心，宜根据郊野公园用地和交通的实际情况，结合出入口的分布分散设置多处游人中心。

2）游人中心应提供信息咨询、导游、医疗救护等基本服务，可根据实际情况配置餐饮、售卖、租赁等其他符合郊野公园特色的游人服务功能。

3）游人中心应设置母婴室。母婴室应符合现行国家标准《民用建筑设计统一标准》GB 50352 的相关规定。

2 公共厕所与垃圾分类收集容器的设置应兼顾游人需求与环境限制，并应符合下列规定：

1）公园游人人均占有陆地面积达到 30 m^2～60 m^2 及以下的主要游览区域，应符合现行国家标准《公园设计规范》GB 51192 的相关规定。

2）其他区域宜沿游览线路因地制宜进行设置。

3）设置生活垃圾分类收集箱房和绿化垃圾收集点等设施。

4）没有条件铺设管线或铺设管线不经济的区域，宜采用生态厕所。

5）不易管理清运的区域可不设垃圾分类收集容器。

5.1.9 郊野公园应配置的基本管理设施包括管理办公用房、后勤用房、警务站、监控设施、农用设施等。

5.1.10 公共信息导向系统的设置应符合国家相关规范，其造型应与郊野公园环境相融合，宜体现当地文化特色。主要游览区宜按现行国家标准《旅游景区公共信息导向系统设置规范》GB/T 31384 的相关规定进行设置。

5.2 竖向设计

5.2.1 竖向设计应尊重基地现状，塑造体现江南水乡与平原特色的地形地貌。

5.2.2 地形改造应兼顾现状林地、农地、建筑、架空电力线路与地下管线，避免对公园周边区域产生不利影响。

5.2.3 竖向设计应符合土地整治、林地抚育、湿地保育等专项工程要求。

5.2.4 竖向设计应坚持土方就地平衡的原则，不宜大量造山堆土，局部结合拆旧区塑造微地形。

5.2.5 竖向设计宜将地形坡度控制在土壤自然安息角以内，宜多采取生态护坡方式，减少挡土墙等土建工程措施。

5.2.6 竖向设计应遵循海绵城市建设理念，提高地表径流雨水的汇集、调蓄、渗透、净化、利用与防洪排涝能力。

5.2.7 应对基地内的污染土进行科学化处理，并确保场地无环境风险。

5.3 水系设计

5.3.1 水系总体布局设计应符合下列规定：

1 应保持基地原有水网肌理，科学合理地进行河网布局，优化配置水资源，体现自然生态的理念和江南水乡的风貌特色。

2 应在总体维持河道原有基本格局的基础上，做好河道整治与疏通，确保水面率不减少的前提下，达到较高的河道连通度。

3 水系水位设计宜留有调蓄空间。

4 可结合水系规划设置开阔湖面，以调蓄地表径流、丰富景观风貌。

5.3.2 水系驳岸设计应符合下列规定：

1 应以生态驳岸为主，不得设置大量硬化驳岸，水位变化较大之处宜以湿地作为水陆过渡带。

2 已建硬化护坡应进行生态修复，恢复湿地，构建完整的生态系统，恢复岸线和水体的自然净化功能。

5.3.3 水系水质应符合下列规定：

1 水系水质应不低于地表Ⅳ类水标准，应采用生态修复、活水保质等措施。

2 水系设计应重视提升水体的自净能力，实现水体的“自愈”功能。

3 生态净化应选择净化效果好的本地物种，并应及时收割捕捞。

4 对流动性较差的水系可进行人工增氧和人工推流，但人工设施不得影响水系行洪等主要功能。

5.3.4 水利设施设计应符合以下规定：

1 桥梁应符合道路交通设计要求，同时满足河道的通行要求。

2 桥梁、堤坝等设施宜与郊野风貌相协调，与周边环境相融合。

5.4 植物设计

5.4.1 郊野公园植物设计应符合下列规定：

1 应充分保护和利用现状植被，结合生态、景观与游憩需求进行绿化设计，提升生态效益、经济效益、社会效益。

2 应满足林地总面积、乔木覆盖率等指标要求。

3 应依据立地条件，选择乡土植物，从整体林相改造和本地植被群落的保育与恢复的角度构建具有本地特色的近自然植物群落景观，达到可持续发展与低维护的要求。

4 应符合郊野公园特点，体现自然野趣；并充分利用植物的季相变化和色彩效果，形成郊野植物风貌特色。

5.4.2 林地植物设计应符合下列规定：

1 应进行林网总体设计，通过林相改造，提升现有林地质量。

2 应进行树种规划，科学采用彩化、珍贵化植物品种，通过构建本地植物群落，形成健康稳定的森林生态环境。

3 树种选择、苗木质量和规格、种植密度、种植方式等应符合现行上海市工程建设规范《生态公益林建设技术规程》DG/TJ 08—2058 的相关规定。

5.4.3 河渠坑塘周边、道路两侧、宅旁和庭院、公共空间等区域的绿化设计应符合现行国家标准《村庄整治技术标准》GB/T 50445 的相关规定。

5.4.4 农田林网及生态环境保持工程的绿化设计应符合现行行业标准《土地整治项目规划设计规范》TD/T 1012 的相关规定。

5.4.5 郊野公园种植土应符合现行国家标准《土壤环境质量建设用地土壤污染风险管控标准（试行）》GB 36600 的相关规定。

5.5 道路与停车场设计

5.5.1 道路设计应符合下列规定：

1 道路选线应充分利用现状道路，降低对生态环境的干扰，并充分展现基地景观资源，突显郊野公园风貌。

2 道路宜采用生态设计理念，提高道路自身的生态性。

3 总体上应合理布置主路、次路与小径，满足必要的游览需求，并尽可能减少对生态与农业生产的影响。

4 游憩功能的主路宽度不宜超过 4 m；如需满足机械化耕作需要，宽度宜为 6 m；在大型机械化作业区，田间道（机耕路）的路面宽度可以适当放宽，最大不超过 8 m。

5 应合理布置会车、错车与回车场地，保障交通安全，减少硬化路面。

5.5.2 停车场设计应符合下列规定：

1 应科学预测停车位需求，根据车流方向合理分散布置机动车和非机动车停车设施。

2 宜以周末高峰停车数量设置停车位,合理配置固定停车场和临时停车场,缓解客流高峰时段和低谷时段停车需求差异较大的问题。

3 宜采用林下生态停车场,减少场地硬化面积,降低对生态环境的破坏程度。

4 地下停车场宜与地面建筑结合设计,宜在建筑轮廓内及出入口广场下设置。

5.6 建筑设计

5.6.1 建筑功能应满足游憩、服务、管理三大功能的需要,根据不同建筑物的实际功能特点,从功能性、安全性、舒适性、生态性等层面充分满足游人使用需求;对功能类型、数量规模、布局方式进行控制,充分满足游人基本需求。

5.6.2 建筑风格及空间形式应符合地方特色,与郊野风貌相协调,建筑外观自然、朴实,建筑内装实用简洁,宜运用新理念、新技术、新材料,创造富有鲜明地方特色的乡土、乡村、乡野建筑。

5.6.3 建筑应控制规模,以可研立项通过的建筑指标为准;新建单体建筑占地面积不宜超过 500 m^2,建筑檐口不得高于 9 m。

5.7 市政设施设计

5.7.1 总体要求应符合下列规定:

1 应遵循可持续的原则,宜结合现有的基础设施,并根据郊野公园的特性进行基础工程设计,降低运营和维护的成本与难度。

2 应设置资源循环再利用的设施,分散布置的服务配套设施宜采用独立设备或生态的处理方式。

5.7.2 给排水设计应符合下列规定:

1　应根据郊野公园的特性建立完善的给排水基础设施，并根据功能需求进行生活给水、消防给水、节水灌溉、污水排水、雨水控制利用和防涝等系统的设计。

2　应设计满足管理设施和服务设施需求的生活给水系统和消防给水系统；系统应符合现行国家标准《建筑给水排水设计规范》GB 50015、《建筑设计防火规范》GB 50016、《消防给水及消火栓系统技术规范》GB 50974、《汽车库、修车库、停车场设计防火规范》GB 50067 的相关规定。

3　公园中进行植物灌溉和场地冲洗用水应优先采用已有的地表水和雨水；应优先采用节水型的灌溉设施和系统。

4　所有污水必须纳管排入市政污水管网，无条件纳管的污水必须就地处理，达到不低于 1 级 A 的排放标准；就地处理排放的并达到不低于 1 级 A 的排放标准污水还应经过人工湿地、生物塘等设施达到Ⅳ类水标准才能排入公园水系。

5　公园中雨水排水设计必须满足上位规划提出的源头雨水的径流总量控制、径流峰值控制、径流污染控制和雨水利回用的指标要求。

6　地表径流雨水排入水系之前宜采用渗蓄草沟、下凹绿地、雨水花园等设施拦截和净化。

5.7.3　电气设计应符合下列规定：

1　应按照郊野公园的定位、功能分区及使用需求，开展供配电系统设计、照明系统设计、智能化系统设计。

2　郊野公园的供电电压宜为 10 kV、220/380 V；10 kV 配电系统应采用放射式或环式，220/380 V 配电系统宜采用放射式。

3　生态功能区中的保育区内不得设置照明设施，缓冲区内仅允许设置功能性照明；游憩功能区内可按照需求设置景观照明，但应避免对当地居民生活、生产的过度干扰；生产生活功能区内的照明设计应以功能性照明为主，满足当地居民正常生产生活的需要。

4　郊野公园智能化子系统设置应符合表 5.7.3 的规定。

表 5.7.3　智能化子系统设置分类

分类	名称
应设置	综合布线系统
	通信网络系统
	网络音频广播系统
	停车场管理系统
	视频监控系统
	智能求助系统
	出入口控制系统
	信息发布系统
宜设置	无线局域网信号覆盖系统
	环境监测系统
	客流管理系统
	智慧科普系统
	电子巡更系统
可设置	园区一卡通系统
	智能照明控制系统
	移动导览系统
	多媒体互动系统

5　郊野公园内需要在室外安装的智能化系统终端设备宜共杆设置，杆件整体造型应美观并与环境融合，有条件的场所还可与照明系统共杆。

6　室外电气设备的外壳防护等级不应低于 IP54，埋地设置的电气设备外壳防护等级不应低于 IP67。

5.8 安全与无障碍设计

5.8.1 郊野公园设计应防范各类危险，主要包括但不限于游览安全、极端客流应对、日常治安防范、森林防火、防汛防洪防台，同时应满足防灾避难与无障碍设计要求。

5.8.2 游览安全应通过设置防护、警示、救援设施等措施进行保障。主要但不限于防范以下风险：跌落、溺水、交通事故、拥挤踩踏。

5.8.3 日常治安防范应通过人防、技防等措施予以保障，此外还应通过空间的防卫性设计提升空间本身的安全性。

5.8.4 应注重森林防火规划设计，根据规范配置森林防火设施。

5.8.5 开展夜游、水上游览、游艺等活动的郊野公园应配备相应安全设施。

5.8.6 利用现状建构筑物和设施的，应在充分评估后利用，并采取相应的修缮措施以确保安全可靠符合相关规范。

5.8.7 对污染土及垃圾土应进行妥善处理，并确保场地无环境风险。

5.8.8 具有应急避险要求设计的区域应满足应急避难规划的设计要求。根据所负责的服务范围规模设置必须的厕所、医疗站、棚宿区。

5.8.9 应满足现行国家标准《无障碍设计规范》GB 50763 要求，郊野公园内的公共服务建筑至少应设置 1 个无障碍入口，满足轮椅通行要求。

附录A 郊野公园常用植物推荐名录

A.0.1 根据本市郊野公园的实践以及苗木市场的实际现状，推荐适合本市郊野公园风貌的部分常用树种见表A.0.1。

表A.0.1 郊野公园常用植物推荐名录

序号	植物名称	科属	学名	种植方式		
				散植	点植	群植
常绿乔木类						
01	雪松	松科 雪松属	Cedrus deodara Cedrus deodara (Roxb.) G. Don		●	●
02	湿地松	松科 松属	Pinus.elliottii Pinus elliottii Engelm., Trans.	●		●
03	柳杉	杉科 柳杉属	Cryptomereia fortune Cryptomeria japonica (Thunb. ex L. f.) D. Don	●		●
04	桧柏	柏科 圆柏属	Sabina Chinensis Juniperus chinensis L.		●	●
05	龙柏	柏科 刺柏属	Sabina.chinensis Juniperus formosana Hayata		●	●
06	翠柏 (铅笔柏)	柏科 翠柏属	Sabina Squamata cv.Meyeri Calocedrus macrolepis Kurz.		●	●
07	罗汉松	罗汉松科 罗汉松属	Podoearpus.macrophyllus Podocarpus macrophyllus (Thunb.) Sweet	●	●	●
08	香榧(榧树)	红豆杉科 榧树属	Torreya.grandis Torreya grandis Fort. ex Lindl. cv. ‘Merrillii’	●	●	
08	广玉兰	木兰科 木兰属	Magnolia.grandiflora Magnolia grandiflora L.	●	●	

续表A.0.1

序号	植物名称	科属	学名	种植方式		
				散植	点植	群植
10	深山含笑	木兰科 含笑属	Michelia.maudiae Michelia maudiae Dunn	●	●	●
11	香樟(樟树)	樟科 樟属	Cinnamomum.camphora Cinnamomum bodinieri H. Lév.	●	●	●
12	浙江樟	樟科 樟属	Cinnamomum.japoniacum Cinnamomum japonicum Siebold	●	●	●
13	樟叶槭	槭树科 槭亚属	Acer coriaceifolium H. Lév.	●	●	●
14	黄樟	樟科 樟属	Cinnamomum.porrectum Cinnamomum parthenoxylon	●	●	●
15	杨梅	杨梅科 杨梅属	Myrica.rubra Morella rubra Lour.	●		●
16	山杜英	杜英科 杜英属	Elaeocarpus.sylvestris Elaeocarpus sylvestris (Lour.) Poir. in Lamarck	●		●
17	女贞	木犀科 女贞属	Ligustrum.lucidum . Ligustrum lucidum W. T. Aiton	●		●
落叶乔木类						
18	银杏(实生)	银杏科 银杏属	Ginkgo biloba Ginkgo biloba L.	●	●	●
19	落羽杉	杉科 落羽杉属	Taxodium.distichum Taxodium distichum (L.) Rich.	●	●	●
20	池杉	杉科 落羽杉属	Taxodiun.ascendens Taxodium distichum var. imbricatum	●		●
21	墨西哥 落羽杉	杉科 落羽杉属	Taxodium.mucronatum Taxodium mucronatum Ten.	●		●
22	水杉	杉科 水杉属	Megnolia.glyptostroboides Metasequoia glyptostroboides Hu & W. C. Cheng	●		●

续表A.0.1

序号	植物名称	科属	学名	种植方式		
				散植	点植	群植
23	白玉兰	木兰科 含笑属	Magnolia.denudata Michelia × alba DC.	●	●	●
24	二乔玉兰	木兰科 木兰属	Magnolia X.soulangeana Yulania × soulangeana	●	●	●
25	鹅掌楸	木兰科 鹅掌楸属	Liriodendrom.chinensis Liriodendron chinense (Hemsl.) Sarg.	●	●	●
26	杂交鹅掌楸	木兰科 鹅掌楸属	chinensis L.tulipifera Liriodendron × sinoamericanum P. C. Yieh ex C. B. Shang & Zhang R. Wang	●	●	●
27	合欢	豆科 合欢属	Albizia.julibrissin Albizia julibrissin Durazz.	●	●	●
28	皂荚	豆科 皂荚属	Gledisia.sinensis Gleditsia sinensis Lam.		●	●
29	国槐	豆科 槐属	Sophora. japonica L. Styphnolobium japonicum		●	●
30	喜树	蓝果树科 喜树属	Camptotheca.acuminata Camptotheca acuminata Decne.		●	
31	枫香	金缕梅科 枫香树属	Liquidambar. formosana Liquidambar formosana Hance	●	●	●
32	悬铃木	悬铃木科 悬铃木属	Platanus.X.Acerifolia Platanus acerifolia (Aiton) Willdenow		●	
33	意杨	杨柳科 杨属	Populus L Populus × canadensis ‘I—214’			●
34	旱柳	杨柳科 柳属	Salix. matsudana Salix matsudana Koidz.	●	●	
35	垂柳	杨柳科 柳属	Salix. babylonica Salix babylonica L.	●	●	

续表A.0.1

序号	植物名称	科属	学名	种植方式		
				散植	点植	群植
36	江南桤木	桦木科 桤木属	Alnus.trabeculosa Hand.-Mazz. Alnus trabeculosa Hand.-Mazz.	●		●
37	枫杨	胡桃科 枫杨属	Pterocarya.stenoptera Pterocarya stenoptera C. DC.	●	●	●
38	榆树	榆科 榆属	Ulmus.pumila Ulmus pumila L.			●
39	榔榆	榆科 榆属	Ulmus.parvifolia Ulmus parvifolia Jacq.	●	●	
40	榉树 （大叶榉）	榆科 榉属	Zlkava.schneiderana Zelkova serrata (Thunb.) Makino	●	●	●
41	朴树（沙朴）	榆科 朴属	Celtis.sinensis Celtis sinensis Pers.	●	●	
42	珊瑚朴	榆科 朴属	Celtis.julianae Schneid. Celtis julianae C. K. Schneid. in Sarg.	●	●	
43	梧桐	梧桐科 梧桐属	Firmiana.simplex Firmiana simplex (L.) W. Wight	●	●	
44	乌桕	大戟亚科 乌桕属	Sapium.sebiferum Triadica sebifera (L.) Small	●	●	
45	重阳木	大戟科 秋枫属	Bischofia polycarpa Bischofia polycarpa (H. Lév.) Airy Shaw	●	●	●
46	柿树	柿科 柿属	Diospyros.kaki Diospyros kaki Thunb.	●	●	●
47	臭椿	苦木科 臭椿属	Ailanthus.altissima Ailanthus giraldii Dode	●		●
48	千头椿	苦木科 臭椿属	Ailanthus altissima cv.Qiantou Ailanthus altissima ‘Qiantou’	●	●	●
49	楝树	楝科 楝属	Melia.azedarach Melia azedarach L.	●	●	

续表A.0.1

序号	植物名称	科属	学名	种植方式		
				散植	点植	群植
50	栾树	无患子科 栾树属	Koelreuteria.paniculata Koelreuteria paniculata Laxm.	●		●
51	无患子	无患子科 无患子属	Sapindus.mukorossi Sapindus saponaria L.	●	●	●
52	黄连木	漆树科 黄连木属	Pistacia.chinensis Pistacia chinensis Bunge	●	●	●
53	五角枫	槭树科 槭属	Acer.mono Acer pictum subsp. mono (Maxim.) H. Ohashi	●	●	●
54	三角枫	槭树科 槭属	Acer.buergerianum Acer buergerianum Miq.	●	●	●
55	青枫	槭树科 槭属	Acer palmatum Acer serrulatum Hayata	●	●	●
56	细叶鸡爪槭 (羽毛枫)	槭树科 槭属	Acer.palmatum. cv.Dissectum	●	●	●
57	七叶树	七叶树科 七叶树属	Aesculus.chinensis Aesculus chinensis Bunge	●	●	●
58	梓树	紫葳科 梓属	Catalpa.ovata Catalpa ovata G. Don	●	●	
59	楸树	紫葳科 梓属	Cctalpa.bungei Catalpa bungei C. A. Mey.	●	●	●
60	泡桐	玄参科 泡桐属	Paulownca.fortunei Paulownia fortunei (Seem.) Hemsl.	●	●	●
61	梅	蔷薇科 杏属	Prunus.mume Prunus mume (Siebold) Siebold & Zucc.	●	●	●
62	桃	蔷薇科 桃属	Prunus.persica (L.) Batsch	●	●	●

续表A.0.1

序号	植物名称	科属	学名	种植方式		
				散植	点植	群植
63	樱桃	蔷薇科 樱属	Prunus.pseudocerasus Prunus pseudocerasus Lindl.	●		●
64	樱花	蔷薇科樱属	Prunus.serrulata Cerasus yedoensis (Matsum.) Yu et Li	●	●	●
65	日本早樱	蔷薇科 樱属	Prunus.subhirtella Cerasus subhirtella (Miq.) Sok.	●	●	●
66	日本晚樱	蔷薇科 樱属	Prunus lannesiana Prunus serrulata var. lannesiana (Carrière) Makino	●	●	●
67	西府海棠	蔷薇科 苹果属	Malus.micromalus Malus × micromalus Makino	●	●	●
68	垂丝海棠	蔷薇科 苹果属	Malus.halliana Malus halliana Koehne	●	●	●
常绿花灌木类						
69	塔枝圆柏	柏科 圆柏属	Sabina chinensis Ant.cv Juniperus komarovii Florin		●	●
70	月桂	樟科 月桂属	Laurus.nobilis Laurus nobilis L.		●	●
71	火棘	蔷薇科 火棘属	Pyracantha.fortuneana Pyracantha fortuneana (Maxim.) H. L. Li	●	●	●
72	枇杷	蔷薇科 枇杷属	Eriobotrya. Japonica Eriobotrya japonica (Thunb.) Lindl.	●		●
73	石楠	蔷薇科 石楠属	Photinia.serrulata Photinia serratifolia (Desf.) Kalkman	●	●	
74	椤木石楠	蔷薇科 石楠属	Photinia.davidsoniae Photinia bodinieri H. Lév.	●		●

续表A.0.1

序号	植物名称	科属	学名	种植方式		
				散植	点植	群植
75	红叶石楠	蔷薇科 石楠属	Photinia Photinia × fraseri Dress			●
76	伞房决明	苏木科 决明属	Cassia obtusafolia Senna corymbosa (Lam.) H. S. Irwin & Barneby	●		●
77	八角金盘	五加科 八角金盘属	Fatsia.japonica Fatsia japonica (Thunb.) Decne. & Planch.	●		●
78	熊掌木	五加科 八角金盘属	Fatshedera.lizei			●
79	珊瑚树	忍冬科 荚蒾属	Viburnum awabuki Viburnum odoratissimum Ker Gawl.			●
80	蚊母	金缕梅科 蚊母树属	Disty lium.racemosum Distylium racemosum Siebold & Zucc.	●		●
81	红花继木	金缕梅科 檵木属	Loropetalum Chinensis L. var. rubrum Loropetalum chinense var. rubrum Yieh			●
82	瓜子黄杨	黄杨科 黄杨属	Buxus.microphylla Buxus sinica (Rehder & E. H. Wilson) M. Cheng		●	●
83	金边黄杨	卫矛科 卫矛属	microphylla cv.Aureum Euonymus japonicus ‘Aureo-marginatus’			●
84	海桐	海桐花科 海桐花属	Pittosporum.tobira Pittosporum tobira (Thunb.) W. T. Aiton	●		●
85	柽柳	柽柳科 柽柳属	Tamarix.chinensis Tamarix chinensis Lour.	●	●	

续表A.0.1

序号	植物名称	科属	学名	种植方式		
				散植	点植	群植
86	山茶 （山茶花）	山茶科 山茶属	Camellia.japonica Camellia japonica L.	●	●	●
87	茶梅	山茶科 山茶属	Camellia.sasanqua Camellia sasanqua Thunb.	●		●
88	春鹃类 （毛鹃）	杜鹃花科 杜鹃属	Rhododendron L.cv Rhododendron simsii Planch.	●		●
89	夏鹃类 （紫鹃）	杜鹃花科 杜鹃属	Rhododendron L. Cv Rhododendron × pulchrum Sweet	●		●
90	金丝桃	藤黄科 金丝桃属	Hypericum.monogynum Hypericum monogynum L.	●		●
91	红千层	桃金娘科 红千层属	Callistemon.rigidus Callistemon rigidus R. Br.	●		●
92	枸骨 （鸟不宿）	冬青科 冬青属	Ilix.cornuta Ilex cornuta Lindl. & Paxton	●	●	●
93	龟甲冬青	冬青科 冬青属	Ilex.crenata .cv.Convexa lex crenata f. convexa (Makino) Rehder			●
94	胡颓子	胡颓子科 胡颓子属	Elaeagnus.pungens Elaeagnus pungens Thunb.		●	●
95	桂花	木犀科 木犀属	Osmanthus fnagrans Osmanthus fragrans (Thunb.) Lour.	●	●	●
96	丹桂	木犀科 木犀属	Osmanthusfragrans.cv. Aurantiacus Osmanthus fragrans (Thunb.) Lour.	●	●	●
97	金桂	木犀科 木犀属	Osmanthus Lour.cv.Thubergii Osmanthus fragrans	●	●	●
98	金桂(丛生)	木犀科 木犀属	Osmanthus Lour.cv.Thubergii Osmanthus fragrans	●	●	

续表A.0.1

序号	植物名称	科属	学名	种植方式		
				散植	点植	群植
99	银桂	木犀科 木犀属	Osmanthus fragrans cv.Latifolius Osmanthus fragrans var.fragrans	●	●	●
100	四季桂	木犀科 木犀属	Osmanthus fragrans.var. semperflorus	●	●	●
101	黄馨	木犀科 素馨属	Jasminum mesnyc Jasminum mesnyi Hance	●	●	
102	夹竹桃	夹竹桃科 夹竹桃属	Nerium indicum Nerium oleander L.	●		●
103	栀子花	茜草科 栀子属	Gardenia.jasminoides Gardenia jasminoides var. fortuniana (Lindl.) H. Hara	●		●
104	六月雪	茜草科 白马骨属	Serissa.foetida Serissa japonica (Thunb.) Thunb.			●
105	南天竹	小檗科 南天竹属	Nandina domestica Nandina domestica Thunb.		●	●
106	十大功劳	小檗科 十大功劳属	Mahonia.fortunei Mahonia fortunei (Lindl.) Fedde			●
107	阔叶十大功劳	小檗科 十大功劳属	Mahonia.bealei Mahonia bealei (Fortune) Carr.			●
108	凤尾兰	百合科 丝兰属	Yucca.gloriosa Yucca gloriosa L.			●
落叶花灌木类						
109	紫玉兰	木兰科 木兰属	Magnolia.liliflora Yulania liliiflora (Desr.) D. C. Fu	●	●	●
110	绣线菊类	蔷薇科 绣线菊属	Spiraea L.cv Spiraea salicifolia L.	●		●
111	麻叶绣线菊	蔷薇科 绣线菊属	Spiraea cantoniensis Spiraea cantoniensis Lour.	●		●

续表A.0.1

序号	植物名称	科属	学名	种植方式		
				散植	点植	群植
112	野蔷薇	蔷薇科 蔷薇属	Rosa.multiflora Rosa multiflora Thunb.	●	●	●
113	棣棠	蔷薇科 棣棠花属	Kerria japonica Kerria japonica (L.) DC.	●	●	●
114	榆叶梅	蔷薇科 桃属	Prunus.triloba Prunus triloba Lindl.	●	●	●
115	郁李	蔷薇科 樱属	Prunus.japonica Prunus japonica Thunb.	●		●
116	贴梗海棠	蔷薇科 木瓜属	Chaenomeles.speciosa Chaenomeles speciosa (Sweet) Nakai	●		●
117	木瓜海棠	蔷薇科 木瓜属	Chaenomeles.cathayensis Chaenomeles cathayensis (Hemsl.) C. K. Schneid.	●		●
118	蜡梅	腊梅科 腊梅属	Chimonanthus praecox Chimonanthus praecox (L.) Link	●	●	●
119	紫荆	豆科 紫荆属	Cercis.chinensis Cercis chinensis Bunge	●		●
120	溲疏	虎耳草科 溲疏属	Deutzia.scabra Scabrous Deutzia	●		●
121	红瑞木	山茱萸科 梾木属	Cornus.alba Cornus alba L.	●		●
122	四照花	山茱萸科 四照花属	Cornus kousa. var. Chinensis Cornus kousa subsp. chinensis (Osborn) Q. Y. Xiang	●		●
123	锦带花	忍冬科 锦带花属	Weigela.florida Weigela florida (Bunge) A. DC.	●		●
124	海仙花	忍冬科 锦带花属	Weigela.coraeensis Weigela coraeensis Thunb.	●		●

续表A.0.1

序号	植物名称	科属	学名	种植方式		
				散植	点植	群植
125	木绣球	忍冬科 荚蒾属	Viburnus.macrocephalum Viburnum macrocephalum Fortune	●		●
126	结香	瑞香科 结香属	Edgeworthia.chrysantha Edgeworthia chrysantha Lindl.	●		●
127	木槿	锦葵科 木槿属	Hibiscus.syriacus Hibiscus syriacus L.	●		●
128	木芙蓉	锦葵科 木槿属	Hibiscus.mutabilis Hibiscus mutabilis L.	●		●
129	山麻杆	大戟科 山麻杆属	Alchornea.davidii Alchornea davidii Franch.	●		●
130	石榴	石榴科 石榴属	Punica.granatum Punica granatum L.	●		●
131	卫矛	卫矛科 卫矛属	Euonymus.alatus Euonymus alatus (Thunb.) Sieb	●		●
132	醉鱼草类	马钱科 醉鱼草属	Buddleja.davidii cv. Buddleja lindleyana Fortune	●	●	
133	小蜡 (小叶女贞)	木犀科 女贞属	Ligustrum.sinense Ligustrum quihoui Carrière			●
134	迎春	木兰科 木兰属	Jasminum.nudiflorum Yulania biondii (Pamp.) D. L. Fu			●
135	丁香	桃金娘科 蒲桃属	Syringa oblata cv. Syzygium aromaticum (L.) Merr. & L. M. Perry		●	●
136	连翘	木犀科 连翘属	Forsythia.suspensa Forsythia suspensa (Thunb.) Vahl	●		●
137	金钟花	木犀科 连翘属	Forsythia.viridissima Forsythia viridissima Lindl.			●
138	紫叶小檗	小檗科 小檗属	Berberis thunbergii cv.atropurpurea Berberis thunbergii var.atropurpurea Chenault			●

续表A.0.1

序号	植物名称	科属	学名	种植方式		
				散植	点植	群植
139	紫薇	千屈菜科 紫薇属	Lagerstromia.indica Lagerstroemia indica L.	●		●
竹类						
140	孝顺竹	禾本科 簕竹属	Bambusa multiplex Bambusa multiplex (Lour.) Raeusch. ex Schult. & Schult. f.			●
141	凤尾竹	禾本科 簕竹属	Bambusa multiplex .cv.Nana Bambusa multiplex (Lour.) Raeusch. ex Schult. 'Fernleaf' R. A. Young			●
142	刚竹	竹亚科 刚竹属	Phyllostachys.viridis Phyllostachys sulphurea var. viridis R. A. Young			●
143	早园竹	竹亚科 刚竹属	Phyllostachys.propinqua Phyllostachys propinqua McClure			●
144	乌哺鸣竹		Phyllostachys vivax			●
攀缘类						
145	木香	蔷薇科 蔷薇属	Rosa.banksiae Rosa banksiae Aiton	●	●	
146	紫藤	豆科 紫藤属	Wisteria.sinensis Wisteria sinensis (Sims) Sweet	●	●	
147	常春油麻藤	豆科 黧豆属	Mucuna.sempervirens Mucuna sempervirens Hemsl.	●		
148	常春藤	五加科 常春藤属	Hedera helix Hedera nepalensis var. sinensis (Tobler) Rehder	●		●
149	薜荔	桑科 榕属	Ficus.pumila Ficus pumila L.	●	●	
150	金银花	忍冬科 忍冬属	Lonicera.japonica Lonicera japonica Thunb. in Murray			●

续表A.0.1

序号	植物名称	科属	学名	种植方式		
				散植	点植	群植
151	扶芳藤	卫矛科 卫矛属	Euonymus fortunei Euonymus fortunei (Turcz.) Hand.-Mazz.	●		●
152	爬山虎	葡萄科 地锦属	Parthenocissus. tricuspidata Parthenocissus tricuspidata (Siebold & Zucc.) Planch.	●		●
153	络石	夹竹桃科 络石属	Trachelospermum. jasminoides Trachelospermum jasminoides (Lindl.) Lem.	●	●	●
154	美国凌霄	紫葳科 凌霄属	Canpsis. grandiflora Campsis radicans (L.) Seem.	●	●	
地被类						
155	铺地柏	柏科 圆柏属	Sabina. procumbens Juniperus procumbens (Siebold exEndl.) Miq.	●	●	●
156	葱兰	石蒜科 葱莲属	Zephyranthes candida Zephyranthes candida (Lindl.) Herb.	●		●
157	石蒜	石蒜科 石蒜属	Lycoris . Radiata Lycoris radiata (L'Hér.) Herb.	●		●
158	鸢尾	鸢尾科 鸢尾属	Iris. tectorum Maxim.	●		●
159	紫娇花	石蒜科 紫娇花属	Tulbaghia violacea	●		●
160	红花酢浆草	酢浆草科 酢浆草属	Oxalis. rubra st. Hil. Oxalis corymbosa DC.	●		●
161	吉祥草	百合科 吉祥草属	Reineckia. carnea Reineckea carnea (Andrews) Kunth			●
162	麦冬	百合科 沿阶草属	Ophiopogon. japonicus Ophiopogon japonicus (L. f.) Ker Gawl.			●

续表A.0.1

序号	植物名称	科属	学名	种植方式		
				散植	点植	群植
163	花叶燕麦草	禾本科 燕麦草属	Arrhenatherum elatius cv Variegatum	●		●
164	美人蕉	美人蕉科 美人蕉属	Canna.indica Canna indica L.	●	●	●
165	诸葛菜 (二月兰)	十字花科 诸葛菜属	Orychophragmus violaceus Orychophragmus violaceus (L.) O. E. Schulz	●		●
166	马蹄金	旋花科 马蹄金属	Dichondra repens Dichondra micrantha Urb.			●
167	绣球	虎耳草科 绣球属	Hydrangea macrophylla (Thunb.) Ser.		●	●
168	大滨菊	菊科 滨菊属	Leucanthemum maximum (Ramood) DC.			●
169	野芝麻	唇形科 野芝麻属	Lamium barbatum Siebold & Zucc.			●
170	凤梨薄荷	唇形科 薄荷属	Mentha rotundifolia'Variegata'			●
171	蛇莓	蔷薇科 蛇莓属	Duchesnea indica (Andrews) Teschem.			●
172	虎耳草	虎耳草科 虎耳草属	Saxifraga stolonifera Curtis			●
173	大吴风草	菊科 大吴风草属	Farfugium japonicum (L.) Kitam.			●
174	松果菊	菊科 松果菊属	Echinacea purpurea (Linn.) Moench			●
175	柳叶马鞭草	马鞭草科 马鞭草属	Verbena bonariensis L.			●
176	狼尾草	禾本 科狼尾草属	Pennisetum alopecuroides (L.) Spreng.		●	●

续表A.0.1

序号	植物名称	科属	学名	种植方式		
				散植	点植	群植
177	白花三叶草	豆科 车轴草属	Trifolium repens L.			●
178	紫花地丁	堇菜科 堇菜属	Viola philippica Cav.			●
179	粉黛乱子草	禾本科 乱子草属	Muhlenbergia capillaris (Lam.) Trin.			●
180	蜀葵	锦葵科 蜀葵属	Alcea rosea L.		●	●
181	细叶芒	禾本科 芒属	Miscanthus sinensis cv.		●	●
182	剑叶金鸡菊	菊科 金鸡菊属	Coreopsis lanceolata L.			●
183	紫花苜蓿	豆科 苜蓿属	Medicago sativa L.			●
184	狗尾草	禾本科 狗尾草属	Setaria viridis (L.) P. Beauv.		●	●
185	蓝花鼠尾草	唇形科 鼠尾草属	Salvia farinacea Benth.			●
186	山莓	蔷薇科 悬钩子属	Rubus corchorifolius L. f.			●
187	藿香	唇形科 藿香属	Agastache rugosa (Fisch. & C. A. Mey.) Kuntze			●
水生植物类						
188	莲	睡莲科 莲属	Welumbo nucifera Nelumbo nucifera Gaertn.	●	●	●
189	黄菖蒲	鸢尾科 鸢尾属	Iris pseudoacorus Iris pseudacorus L.	●		●
190	千屈菜	千屈菜科 千屈菜属	Lythrum salicaria Lythrum salicaria L.	●	●	●

本标准用词说明

1 为了便于在执行本标准条文时区别对待，对要求严格程度不同的用词说明如下：

1）表示很严格，非这样做不可的用词：
正面词采用“必须”；
反面词采用“严禁”。

2）表示严格，在正常情况均应这样做的用词：
正面词采用“应”；
反面词采用“不应”或“不得”。

3）表示允许稍有选择，在条件许可时首先应这样做的用词：
正面词采用“宜”；
反面词采用“不宜”。

4）表示有选择，在一定条件下可以这样做的用词，采用“可”。

2 标准中指定应按其他有关标准执行时，写法为“应符合……的规定（要求）”或“应按……执行”。

引用标准名录

1 《土壤环境质量建设用地土壤污染风险管控标准(试行)》GB 36600
2 《建筑给水排水设计规范》GB 50015
3 《建筑设计防火规范》GB 50016
4 《汽车库、修车库、停车场设计防火规范》GB 50067
5 《民用建筑设计统一标准》GB 50352
6 《村庄整治技术标准》GB/T 50445
7 《无障碍设计规范》GB 50763
8 《消防给水及消火栓系统技术规范》GB 50974
9 《公园设计规范》GB 51192
10 《旅游景区公共信息导向系统设置规范》GB/T 31384
11 《土地整治项目规划设计规范》TD/T 1012
12 《生态公益林建设技术规程》DG/TJ 08—2058

上海市工程建设规范

郊野公园设计标准

DG/TJ 08—2335—2020

J 15386—2020

条文说明

2020　上海

目　次

Contents

1 总 则

1.0.1 郊野公园建设是本市贯彻落实中央关于推进生态文明建设、实现城乡统筹发展要求的重要载体和具体体现，也是促进城郊农村地区改善生态环境、增加市民游憩空间、促进农业生产、增加农民收益、优化城市布局的现实需要。本市郊野公园的规划设计和建设是一项综合的土地整治与生态空间建设工程，在实现建设用地减量化的同时，提升了城乡景观环境和市民休闲生活的品质。本市的郊野公园建设有着与常规城市公园建设所不同的设计目标和要求，需尊重自然风貌，坚持生态优先，强化复合利用，注重生态优势的转化，因此需要遵循不同的原则和依据，采取不同的设计流程和方法。本标准即以规范本市郊野公园设计、确保设计质量、保证郊野公园符合经济、美观、安全、健康等基本要求为目标而编制。

1.0.2 规定了本标准的适用范围。

1.0.3 规定了郊野公园设计应遵循的相关技术规定。

2 术 语

2.0.1 本市的郊野公园定义与现行行业标准《城市绿地分类标准》CJJ/T 85 中规定的郊野公园有所不同，主要区别在于用地性质上。后者为 EG14，不包括耕地也不参与建设用地汇总，而本市的郊野公园则不是单一性质用地，其包含耕地、林地等不同性质用地。

2.0.4～2.0.6 设施的布置对郊野公园各类功能的实现具有重要的作用，而由于郊野公园用地性质及投资等原因，设施的配置受到较多制约，因此有必要对设施的功能类型及形式进行分类，便于提出相应不同的配置原则与要求。

2.0.7 郊野公园各专项工程均有明确工程内容界定和工程界面划分。不同专项工程需遵循相应规范、标准的要求进行设计。

3 基本规定

3.1 一般规定

3.1.1 本市郊野公园建设具有其特殊性，其中多元化的建设目标是重要特点之一。因此，设计需平衡各方的诉求与利益，协调好生产、生活与生态之间的关系，充分考虑多元目标的实现。

3.1.2 由于郊野公园建设涉及不同用地和工程，因此需遵循的设计依据、法规、规范较多，设计应从本市城市总体规划和生态空间规划的要求出发，而郊野单元规划是郊野公园设计的最直接、最主要的依据，此外由于郊野公园建设涉及农业、水务、林业、村庄建设等各条线相关工程，因此需遵循各类工程的相关政策、法规与标准。

3.1.3 本条体现了郊野公园设计保护优先的原则。郊野公园位于生态网络的关键节点，面积较大、数量较多，其对于城市的整体发展和整体生态安全、生态环境起到至关重要的作用，同时郊野公园所在区域承载着郊区的历史与文化，对人文资源的保护意义重大。

3.1.4 郊野公园不同于城市公园，其区位、环境、资源和规模决定了其郊野、生态的特色和面向大众、便民利民的定位。

3.1.5 郊野公园建设应注重差异化发展，避免同质化竞争。

3.1.6 资金平衡是保障郊野公园长期可持续发展的重要因素。自给自足的造血机制则是解决资金来源的关键。因此，郊野公园设计应满足未来运营的需要，为可持续发展创造条件。

3.2 城市协调

3.2.1 郊野公园是城市外围重要的生态空间，规模较大，与城市整体生态环境有着重要的联系，对于本市生态建设意义重大。

3.2.2 郊野公园面积较大，市政道路穿越公园、内外部交通流线交织或重合的情况较为普遍，因此组织好内外部交通尤为重要。

3.2.3 郊野公园具有范围大、空间开放的特点，建成后应具有区别于周边区域的辨识度。

3.2.4 由于区位的不同以及城市的扩张，部分郊野公园与城市建成区相邻，因此兼具周边市民日常户外活动的功能。《上海市郊野公园建设设计导则》中提出的便民利民原则对此提出了相应要求。

3.3 乡村协调

3.3.1 在市政府《关于本市郊野公园建设管理的指导意见》中明确，尊重农民意愿是确定的郊野公园的建设过程中解决宅基地置换等涉及三农问题的根本原则，而农民集中居住区等的建设则必须与本市及各区相关规划做好衔接。

3.3.2 郊野建设与农业生产不应是竞争关系，而应是共生关系。依托现代农业和新型经营主体的发展，结合郊野公园的建设和运营，可以很好地促进三产融合与特色主导产业发展，建立起农村集体经济的长效造血机制。

3.3.3 提升乡村的环境与生活品质是郊野公园建设的重要目的之一。提倡在郊野公园建设过程中结合美丽乡村建设与村庄整治工程，将乡村的生产、生活与郊野游憩活动相融合，打造符合郊野公园建设要求和功能需要的特色村庄，倡导低碳可持续的生活、生产和游憩方式。

3.3.4 村庄整治宜因地制宜、量力而行、循序渐进、分期分批进行，不应大拆大建。

3.4 生态保育

3.4.1 郊野公园是本市生态空间的重要组成部分和生态建设的重要抓手，因此生态建设是郊野公园建设的重要目标之一。郊野公园的设计首先应符合本市生态规划中对该区域的生态格局、生态功能和生境要求，以实现全市整体生态空间的保护与建设。

3.4.2 完整的景观结构是实现整体生态效益的重要保障，因此首先应从景观结构入手系统的打造郊野公园的生态环境，同时在场地尺度上切实保证景观生态结构要素的尺度规模、内部生境和实际的连通度。设计需运用景观生态学的基本原理，对场地内组成景观结构单元的斑块、廊道、基质进行分析研究，进一步了解场地空间格局和生态系统。

3.4.4 本条强调了动物栖息地是重要的生态保护对象。

3.4.5 将使用强度控制在环境生态承载力范围之内是保护生态的重要手段。设计不仅应明确生产、生活和游憩活动的区域和设施，还应明确使用强度的控制要求。可通过控制最大人流量、使用时间和频率等方式切实地将游人使用对生态环境的破坏程度控制在可逆的范围内，以达到生态环境自我修复的目的。

3.5 人文资源保护与利用

3.5.1 人文资源是郊野公园中应予以保护和利用的重要资源，是郊野公园创造自身特色的依托和契机。

3.5.2 人文资源的保护不仅应保护其物质载体，也应对其环境予以保护，才能最终得以保护文化本身。

3.5.3 文化应是活的文化，不应脱离真实的社会与生活，应在传承中得到发展，宜依托当地居民的日常生活和人文活动保持文化的活力，延续人文资源的生命力。

3.5.4 原真性是历史文化资源保护的最重要原则，应避免造成保护性破坏。

3.5.5 对于人文资源的利用应控制其对当地文化的破坏程度，或在不影响当地生活和文化的时空范围内进行。

3.6 各类控制性指标

3.6.1 郊野公园设计的各类控制性指标是依据现行《上海市郊野公园建设设计导则》的相关要求，并引用导则中与设计相关的内容。各类控制指标是遵循上位规划的用地指标和各类相关规划和标准的定性和定量指标要求。郊野公园河网面积应在现状的基础上不减少，并且水面率应不小于全市平均水面率11%；郊野公共服务配套设施规模应以功能为导向，规模以满足基本需求为宜。

4 工作阶段与内容

4.1 工作阶段

4.1.1 郊野公园建设通常由土地整治、林地建设、水系整治、美丽乡村等主要工程构成。统筹整合上述主管部门不同、设计标准各异的工程是郊野公园设计的重要任务之一。设计阶段通常先行整体设计以确保郊野公园的完整性和系统性并达到设计目标;然后再拆分各专项工程,明确各项工程的内容与工程界面,以便各专项建设工程的设计开展。

4.2 调查阶段工作内容

4.2.1 郊野公园不同于城市公园,其范围内涉及农业、林业、水务、村镇等多种不同用地功能,其建设具有实现城乡统筹发展,促进城郊农村地区改善生态环境、促进农业生产、增加农民收益、优化城市布局等作用,公园内存在生活与生产活动,协调各方利益,满足各方诉求是郊野公园设计的重要内容,具有涉及面较广、较为综合的特点,因此基础资料收集的范围也较广,在前期工作中需进行充分的调研。

4.3 设计阶段工作内容

4.3.1 总体设计是郊野单元规划与工程设计之间的衔接,是针对全要素的统筹安排,是决定一个公园价值和品质的关键环节,具有重要的全局意义。郊野公园的总体设计与常规公园绿地的总体设计的不同之处在于除了对园林景观进行设计外，还需统筹生产、生活等要素以及其他相关工程。

4.3.7 建筑设计工作内容应包括下列内容：

4 场地内的建筑在改变功能继续使用前，需进行安全性评估和抗震评估后，根据评估结果或使用或加固。

5 设计要求

5.1 总体布局

5.1.1 在郊野公园范围内生态、游憩与生产、生活功能存在一定程度共用空间的情况，但每一功能区宜以一种功能为主导，在不影响主要功能的前提下，可适当兼顾实现其他两类功能。各类功能的主要区域应相对独立互不干扰。各类功能区在设计时应优先满足其主要功能，符合该功能在本标准中规定的相应设计要求，兼顾的其他功能要求也应在一定程度上得到满足。生产生活功能区是以农业生产和当地居民居住、生活为主要功能的区域。农业生产区主要从事种植养殖的生产活动，通常选在田间水利设施完善、田地平整肥沃、水利设施配套、田间道路畅通的区域。生活居住区是以居住用地、公共服务设施用地所形成的当地农民社区化居住生活区域。

5.1.2 郊野公园内以生态为主要功能的区域应以生态恢复为建设目标，通过设定不受生产、生活和游憩活动干扰的保育区及其外围起到隔离干扰作用的缓冲区来恢复本地生境、提高生物多样性。保育区应依托较好的生态基底并具有较大的空间以形成稳定的生境、提供动物一定的活动空间。缓冲区应具有一定的宽度以隔离干扰。

5.1.4 景观风貌规划应符合下列规定：

3 景观风貌规划避免单纯的造景以及人工化、城市化和过度园林化的倾向，不应过分追求建成时的效果。

4 通过营造重要区域的景观风貌，树立标识标牌等方法，凸显符合郊野公园自身特性的地标性景观。

5.1.5 游憩功能策划与布局应符合下列规定：

1 游憩是郊野公园重要的功能，在方案设计阶段郊野公园的游憩功能设置应能满足游人亲近自然、放松身心的需要，体现为市民大众服务的理念，并能满足不同游人群体的需求。

2 基本游憩功能是每个郊野公园均应具备的，体现了郊野特征的游憩活动和游人的基本郊野游憩需求；各郊野公园应在基本游憩功能的基础上着力打造自身特点，避免同质化发展。

3 郊野公园是生产、生活、生态和游憩共存的空间，游憩只是诸多功能目标之一，应避免游憩功能过度干扰其他功能的正常开展；同时不同性质的游憩功能之间也应避免干扰。

5.1.6 交通组织设计应符合下列规定：

1 为满足保留的生产、生活功能，节省投资避免重复建设，交通组织设计应尽可能保留利用郊野公园范围内的现状道路，根据需要进行局部整修和改造，同时对于不同类型的交通需求应在安全合理的前提下，充分考虑共用道路，减少硬化道路面积。

3 郊野公园的交通组织较为复杂，规划设计时应满足功能需求与使用安全，并充分考虑分期和分区使用需要。

6 通过错峰、共用、引导、预约等管理措施充分地挖掘道路与交通设施的潜力。

5.1.7 服务设施与管理设施的配置与布局应符合下列规定：

2 充分利用建设用地内的设施有利于减轻公园内部设施的压力，减少配套管线投资，降低对生态环境的影响，应对极端高峰时的使用需求；同时在管理中应充分考虑人流峰谷变化，利用错峰共享等机制和技术措施合理配置设施规模，充分挖掘设施的多种使用功能，最大限度地发挥设施的使用效率。

5 集中设置大型管理服务设施有利于市政道路与管线的集中布置，节省投资亦便于管理和配套使用；厕所等小型设施由于必须考虑游人使用的实际需求需进行分散布置，宜采用生态、可持续的设施以降低建造成本和对生态环境的破坏。

5.1.8 本条对基本的郊野公园服务设施的配置进行了规定。

1 对游人中心设计进行规定：

2） 郊野公园一般面积较大，规模均在数百公顷至数十平方公里，不同方向前来的游人往往由相距较远的不同入口进入公园。根据郊野公园用地和交通的实际情况分散设置多处游人中心，更便于游人使用，同时可分解内外部交通压力。

2 公共厕所与垃圾分类收集容器的设置应兼顾游人需求与环境限制，并应符合下列规定：

4） 生态厕所作为环保厕所中的一类，具有不对环境造成污染，并且能充分利用各种资源，强调污染物自净和资源循环利用概念和功能。由于生态厕所具有无污染并且节水等特点，使生态厕所可以广泛地应用于环境和条件受限制的地域。

5） 郊野公园可采用鼓励游人将垃圾自行带离等更合适郊野公园特性的设施配置策略，满足必要的功能要求。

5.1.9 郊野公园的基本管理设施应根据管理需要和相关规定设置，条件允许时可结合服务设施设置。

5.1.10 公共信息导向系统应包括周边导入系统、游览导向系统和导出系统等三个子系统，以及位置标志、导向标志、平面示意图、街区导向图、信息板、安全标志和劝阻标志等要素，提供游览、公共设施、安全和劝阻等信息。

5.2 竖向设计

5.2.5 竖向设计需结合地形地貌，顺应场地条件，堆土高度应根据场地地勘报告，综合考虑周边管网、河道、建筑等分布情况。

5.3 水系设计

5.3.1 水系总体布局设计应符合下列规定：

2 景观河道尽可能不改变原来湖岸走势，以亲水为原则，做到与绿化环境相辅相成，在确定范围和深度前，应充分收集场地范围内的地质水文资料和地下管线情况。

5.5 道路与停车场设计

5.5.1 道路设计应符合下列规定：

2 郊野公园的道路可采用砾石等渗水路面，提升自身生态性。

4 根据现行国家标准《土地利用现状分类》GB/T 21010 对于农村范围内的农村道路规定，南方宽度≥1.0 m、≤8 m，北方宽度≥2.0 m、≤8 m，用于村间、田间道路交通运输，并在国家公路网络体系之外，以服务于农村农业生产为主要用途的道路（含机耕道）。

5.5.2 停车场设计应符合下列规定：

3 郊野公园的停车场尽可能采用具有渗透地面的停车场。

5.6 建筑设计

5.6.3 为控制公园内建筑的体量，对建筑占地面积和檐口高度作出上限规定，建筑占地面积和檐口高度应符合现行上海市工程建设规范《绿地设计标准》DG/TJ 08—15 第 3.1.11 条第 4 款的规定。

5.7 市政设施设计

5.7.3 郊野公园智能化系统起到提高管理部门运维效率、加强主管部门监管能力、提升市民游览体验的作用。

5.8 安全与无障碍设计

5.8.1 应根据郊野公园特性及运营管理需要，有针对性地进行安全工程的相关设计，充分考虑生产、生活与游憩的不同需求与相互影响。应充分考虑对游人的安全保护、警示与急救需要，针对公园的复杂性、低强度建设与管理的特点以及高峰人流等情况进行安全工程的设计。

5.8.3 由于郊野公园空间开放、规模较大、环境自然、管理强度较低，因此较易发生安全事故。应从规划设计源头入手，提高公园本身的安全性，减轻后续运营管理的压力，降低不必要的运营管理与维护成本。